Macht Linoleum einen warmen Fußsboden?

Untersuchungen über das Wärmeleitungsvermögen des Linoleums als Fußsbodenbelag im Vergleich zu Holz- und Estrichfußsböden.

Von

Prof. Dr. W. Hoffmann,

Stabsarzt in Berlin.

MÜNCHEN.

Sonderabdruck aus »Archiv für Hygiene«. Bd. LXVIII.

Druck und Verlag von R. Oldenbourg.